- **ROMAN NUMERALS FROM 1 TO 1000 (2 TO 22)**
- **ROMAN NUMERALS FROM 1 TO 1000 BY TENS (23 TO 27)**
- **CONVERTING FROM ROMAN NUMERALS TO NUMBERS, AND FROM NUMBERS TO ROMAN NUMERALS (28 TO 48)**
- **MATCH THE ROMAN NUMERALS (49 TO 69)**
- **ADD AND SUBTRACT ROMAN NUMERALS (70 TO 112)**
  ADDING START FROM 71 AND
  SUBTRACTING START FROM 92

ROMAN NUMERALS FROM 1 TO 1000

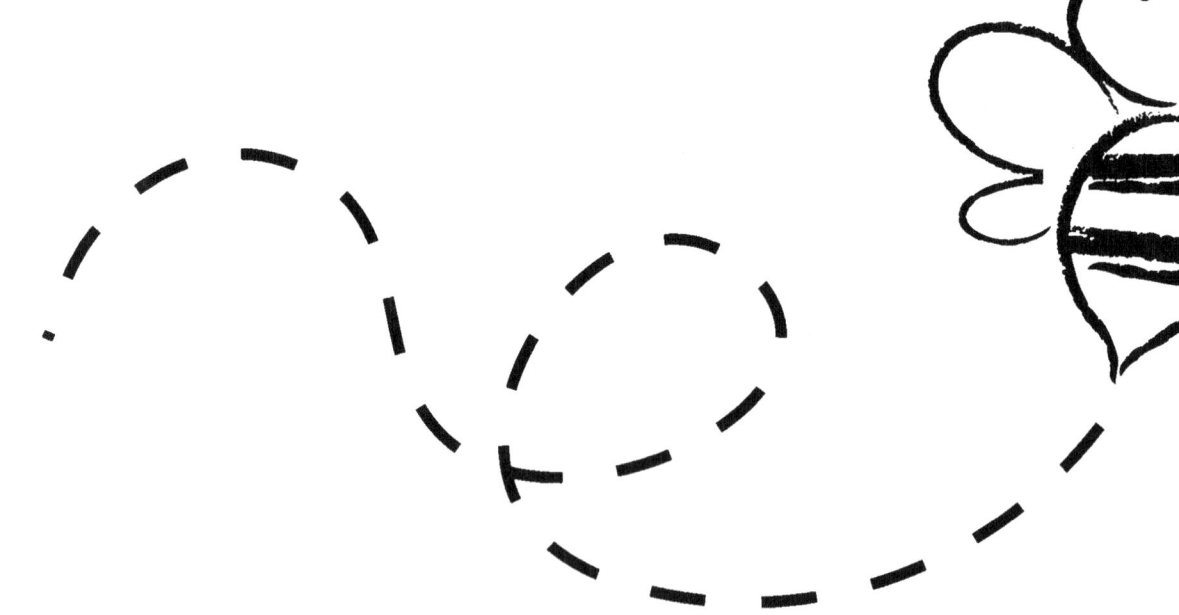

NUMBER	ROMAN	NUMBER	ROMAN
1	I	26	XXVI
2	II	27	XXVII
3	III	28	XXVIII
4	IV	29	XXIX
5	V	30	XXX
6	VI	31	XXXI
7	VII	32	XXXII
8	VIII	33	XXXIII
9	IX	34	XXXIV
10	X	35	XXXV
11	XI	36	XXXVI
12	XII	37	XXXVII
13	XIII	38	XXXVIII
14	XIV	39	XXXIX
15	XV	40	XL
16	XVI	41	XLI
17	XVII	42	XLII
18	XVIII	43	XLIII
19	XIX	44	XLIV
20	XX	45	XLV
21	XXI	46	XLVI
22	XXII	47	XLVII
23	XXIII	48	XLVIII
24	XXIV	49	XLIX
25	XXV	50	L

NUMBER	ROMAN	NUMBER	ROMAN
51	LI	76	LXXVI
52	LII	77	LXXVII
53	LIII	78	LXXVIII
54	LIV	79	LXXIX
55	LV	80	LXXX
56	LVI	81	LXXXI
57	LVII	82	LXXXII
58	LVIII	83	LXXXIII
59	LIX	84	LXXXIV
60	LX	85	LXXXV
61	LXI	86	LXXXVI
62	LXII	87	LXXXVII
63	LXIII	88	LXXXVIII
64	LXIV	89	LXXXIX
65	LXV	90	XC
66	LXVI	91	XCI
67	LXVII	92	XCII
68	LXVIII	93	XCIII
69	LXIX	94	XCIV
70	LXX	95	XCV
71	LXXI	96	XCVI
72	LXXII	97	XCVII
73	LXXIII	98	XCVIII
74	LXXIV	99	XCIX
75	LXXV	100	C

NUMBER	ROMAN	NUMBER	ROMAN
101	CI	126	CXXVI
102	CII	127	CXXVII
103	CIII	128	CXXVIII
104	CIV	129	CXXIX
105	CV	130	CXXX
106	CVI	131	CXXXI
107	CVII	132	CXXXII
108	CVIII	133	CXXXIII
109	CIX	134	CXXXIV
110	CX	135	CXXXV
111	CXI	136	CXXXVI
112	CXII	137	CXXXVII
113	CXIII	138	CXXXVIII
114	CXIV	139	CXXXIX
115	CXV	140	CXL
116	CXVI	141	CXLI
117	CXVII	142	CXLII
118	CXVIII	143	CXLIII
119	CXIX	144	CXLIV
120	CXX	145	CXLV
121	CXXI	146	CXLVI
122	CXXII	147	CXLVII
123	CXXIII	148	CXLVIII
124	CXXIV	149	CXLIX
125	CXXV	150	CL

NUMBER	ROMAN	NUMBER	ROMAN
151	CLI	176	CLXXVI
152	CLII	177	CLXXVII
153	CLIII	178	CLXXVIII
154	CLIV	179	CLXXIX
155	CLV	180	CLXXX
156	CLVI	181	CLXXXI
157	CLVII	182	CLXXXII
158	CLVIII	183	CLXXXIII
159	CLIX	184	CLXXXIV
160	CLX	185	CLXXXV
161	CLXI	186	CLXXXVI
162	CLXII	187	CLXXXVII
163	CLXIII	188	CLXXXVIII
164	CLXIV	189	CLXXXIX
165	CLXV	190	CXC
166	CLXVI	191	CXCI
167	CLXVII	192	CXCII
168	CLXVIII	193	CXCIII
169	CLXIX	194	CXCIV
170	CLXX	195	CXCV
171	CLXXI	196	CXCVI
172	CLXXII	197	CXCVII
173	CLXXIII	198	CXCVIII
174	CLXXIV	199	CXCIX
175	CLXXV	200	CC

NUMBER	ROMAN	NUMBER	ROMAN
201	CCI	226	CCXXVI
202	CCII	227	CCXXVII
203	CCIII	228	CCXXVIII
204	CCIV	229	CCXXIX
205	CCV	230	CCXXX
206	CCVI	231	CCXXXI
207	CCVII	232	CCXXXII
208	CCVIII	233	CCXXXIII
209	CCIX	234	CCXXXIV
210	CCX	235	CCXXXV
211	CCXI	236	CCXXXVI
212	CCXII	237	CCXXXVII
213	CCXIII	238	CCXXXVIII
214	CCXIV	239	CCXXXIX
215	CCXV	240	CCXL
216	CCXVI	241	CCXLI
217	CCXVII	242	CCXLII
218	CCXVIII	243	CCXLIII
219	CCXIX	244	CCXLIV
220	CCXX	245	CCXLV
221	CCXXI	246	CCXLVI
222	CCXXII	247	CCXLVII
223	CCXXIII	248	CCXLVIII
224	CCXXIV	249	CCXLIX
225	CCXXV	250	CCL

NUMBER	ROMAN	NUMBER	ROMAN
251	CCLI	276	CCLXXVI
252	CCLII	277	CCLXXVII
253	CCLIII	278	CCLXXVIII
254	CCLIV	279	CCLXXIX
255	CCLV	280	CCLXXX
256	CCLVI	281	CCLXXXI
257	CCLVII	282	CCLXXXII
258	CCLVIII	283	CCLXXXIII
259	CCLIX	284	CCLXXXIV
260	CCLX	285	CCLXXXV
261	CCLXI	286	CCLXXXVI
262	CCLXII	287	CCLXXXVII
263	CCLXIII	288	CCLXXXVIII
264	CCLXIV	289	CCLXXXIX
265	CCLXV	290	CCXC
266	CCLXVI	291	CCXCI
267	CCLXVII	292	CCXCII
268	CCLXVIII	293	CCXCIII
269	CCLXIX	294	CCXCIV
270	CCLXX	295	CCXCV
271	CCLXXI	296	CCXCVI
272	CCLXXII	297	CCXCVII
273	CCLXXIII	298	CCXCVIII
274	CCLXXIV	299	CCXCIX
275	CCLXXV	300	CCC

NUMBER	ROMAN	NUMBER	ROMAN
301	CCCI	326	CCCXXVI
302	CCCII	327	CCCXXVII
303	CCCIII	328	CCCXXVIII
304	CCCIV	329	CCCXXIX
305	CCCV	330	CCCXXX
306	CCCVI	331	CCCXXXI
307	CCCVII	332	CCCXXXII
308	CCCVIII	333	CCCXXXIII
309	CCCIX	334	CCCXXXIV
310	CCCX	335	CCCXXXV
311	CCCXI	336	CCCXXXVI
312	CCCXII	337	CCCXXXVII
313	CCCXIII	338	CCCXXXVIII
314	CCCXIV	339	CCCXXXIX
315	CCCXV	340	CCCXL
316	CCCXVI	341	CCCXLI
317	CCCXVII	342	CCCXLII
318	CCCXVIII	343	CCCXLIII
319	CCCXIX	344	CCCXLIV
320	CCCXX	345	CCCXLV
321	CCCXXI	346	CCCXLVI
322	CCCXXII	347	CCCXLVII
323	CCCXXIII	348	CCCXLVIII
324	CCCXXIV	349	CCCXLIX
325	CCCXXV	350	CCCL

NUMBER	ROMAN	NUMBER	ROMAN
351	CCCLI	376	CCCLXXVI
352	CCCLII	377	CCCLXXVII
353	CCCLIII	378	CCCLXXVIII
354	CCCLIV	379	CCCLXXIX
355	CCCLV	380	CCCLXXX
356	CCCLVI	381	CCCLXXXI
357	CCCLVII	382	CCCLXXXII
358	CCCLVIII	383	CCCLXXXIII
359	CCCLIX	384	CCCLXXXIV
360	CCCLX	385	CCCLXXXV
361	CCCLXI	386	CCCLXXXVI
362	CCCLXII	387	CCCLXXXVII
363	CCCLXIII	388	CCCLXXXVIII
364	CCCLXIV	389	CCCLXXXIX
365	CCCLXV	390	CCCXC
366	CCCLXVI	391	CCCXCI
367	CCCLXVII	392	CCCXCII
368	CCCLXVIII	393	CCCXCIII
369	CCCLXIX	394	CCCXCIV
370	CCCLXX	395	CCCXCV
371	CCCLXXI	396	CCCXCVI
372	CCCLXXII	397	CCCXCVII
373	CCCLXXIII	398	CCCXCVIII
374	CCCLXXIV	399	CCCXCIX
375	CCCLXXV	400	CD

NUMBER	ROMAN	NUMBER	ROMAN
401	CDI	426	CDXXVI
402	CDII	427	CDXXVII
403	CDIII	428	CDXXVIII
404	CDIV	429	CDXXIX
405	CDV	430	CDXXX
406	CDVI	431	CDXXXI
407	CDVII	432	CDXXXII
408	CDVIII	433	CDXXXIII
409	CDIX	434	CDXXXIV
410	CDX	435	CDXXXV
411	CDXI	436	CDXXXVI
412	CDXII	437	CDXXXVII
413	CDXIII	438	CDXXXVIII
414	CDXIV	439	CDXXXIX
415	CDXV	440	CDXL
416	CDXVI	441	CDXLI
417	CDXVII	442	CDXLII
418	CDXVIII	443	CDXLIII
419	CDXIX	444	CDXLIV
420	CDXX	445	CDXLV
421	CDXXI	446	CDXLVI
422	CDXXII	447	CDXLVII
423	CDXXIII	448	CDXLVIII
424	CDXXIV	449	CDXLIX
425	CDXXV	450	CDL

NUMBER	ROMAN	NUMBER	ROMAN
451	CDLI	476	CDLXXVI
452	CDLII	477	CDLXXVII
453	CDLIII	478	CDLXXVIII
454	CDLIV	479	CDLXXIX
455	CDLV	480	CDLXXX
456	CDLVI	481	CDLXXXI
457	CDLVII	482	CDLXXXII
458	CDLVIII	483	CDLXXXIII
459	CDLIX	484	CDLXXXIV
460	CDLX	485	CDLXXXV
461	CDLXI	486	CDLXXXVI
462	CDLXII	487	CDLXXXVII
463	CDLXIII	488	CDLXXXVIII
464	CDLXIV	489	CDLXXXIX
465	CDLXV	490	CDXC
466	CDLXVI	491	CDXCI
467	CDLXVII	492	CDXCII
468	CDLXVIII	493	CDXCIII
469	CDLXIX	494	CDXCIV
470	CDLXX	495	CDXCV
471	CDLXXI	496	CDXCVI
472	CDLXXII	497	CDXCVII
473	CDLXXIII	498	CDXCVIII
474	CDLXXIV	499	CDXCIX
475	CDLXXV	500	D

NUMBER	ROMAN	NUMBER	ROMAN
501	DI	526	DXXVI
502	DII	527	DXXVII
503	DIII	528	DXXVIII
504	DIV	529	DXXIX
505	DV	530	DXXX
506	DVI	531	DXXXI
507	DVII	532	DXXXII
508	DVIII	533	DXXXIII
509	DIX	534	DXXXIV
510	DX	535	DXXXV
511	DXI	536	DXXXVI
512	DXII	537	DXXXVII
513	DXIII	538	DXXXVIII
514	DXIV	539	DXXXIX
515	DXV	540	DXL
516	DXVI	541	DXLI
517	DXVII	542	DXLII
518	DXVIII	543	DXLIII
519	DXIX	544	DXLIV
520	DXX	545	DXLV
521	DXXI	546	DXLVI
522	DXXII	547	DXLVII
523	DXXIII	548	DXLVIII
524	DXXIV	549	DXLIX
525	DXXV	550	DL

NUMBER	ROMAN	NUMBER	ROMAN
551	DLI	576	DLXXVI
552	DLII	577	DLXXVII
553	DLIII	578	DLXXVIII
554	DLIV	579	DLXXIX
555	DLV	580	DLXXX
556	DLVI	581	DLXXXI
557	DLVII	582	DLXXXII
558	DLVIII	583	DLXXXIII
559	DLIX	584	DLXXXIV
560	DLX	585	DLXXXV
561	DLXI	586	DLXXXVI
562	DLXII	587	DLXXXVII
563	DLXIII	588	DLXXXVIII
564	DLXIV	589	DLXXXIX
565	DLXV	590	DXC
566	DLXVI	591	DXCI
567	DLXVII	592	DXCII
568	DLXVIII	593	DXCIII
569	DLXIX	594	DXCIV
570	DLXX	595	DXCV
571	DLXXI	596	DXCVI
572	DLXXII	597	DXCVII
573	DLXXIII	598	DXCVIII
574	DLXXIV	599	DXCIX
575	DLXXV	600	DC

NUMBER	ROMAN	NUMBER	ROMAN
601	DCI	626	DCXXVI
602	DCII	627	DCXXVII
603	DCIII	628	DCXXVIII
604	DCIV	629	DCXXIX
605	DCV	630	DCXXX
606	DCVI	631	DCXXXI
607	DCVII	632	DCXXXII
608	DCVIII	633	DCXXXIII
609	DCIX	634	DCXXXIV
610	DCX	635	DCXXXV
611	DCXI	636	DCXXXVI
612	DCXII	637	DCXXXVII
613	DCXIII	638	DCXXXVIII
614	DCXIV	639	DCXXXIX
615	DCXV	640	DCXL
616	DCXVI	641	DCXLI
617	DCXVII	642	DCXLII
618	DCXVIII	643	DCXLIII
619	DCXIX	644	DCXLIV
620	DCXX	645	DCXLV
621	DCXXI	646	DCXLVI
622	DCXXII	647	DCXLVII
623	DCXXIII	648	DCXLVIII
624	DCXXIV	649	DCXLIX
625	DCXXV	650	DCL

NUMBER	ROMAN	NUMBER	ROMAN
651	DCLI	676	DCLXXVI
652	DCLII	677	DCLXXVII
653	DCLIII	678	DCLXXVIII
654	DCLIV	679	DCLXXIX
655	DCLV	680	DCLXXX
656	DCLVI	681	DCLXXXI
657	DCLVII	682	DCLXXXII
658	DCLVIII	683	DCLXXXIII
659	DCLIX	684	DCLXXXIV
660	DCLX	685	DCLXXXV
661	DCLXI	686	DCLXXXVI
662	DCLXII	687	DCLXXXVII
663	DCLXIII	688	DCLXXXVIII
664	DCLXIV	689	DCLXXXIX
665	DCLXV	690	DCXC
666	DCLXVI	691	DCXCI
667	DCLXVII	692	DCXCII
668	DCLXVIII	693	DCXCIII
669	DCLXIX	694	DCXCIV
670	DCLXX	695	DCXCV
671	DCLXXI	696	DCXCVI
672	DCLXXII	697	DCXCVII
673	DCLXXIII	698	DCXCVIII
674	DCLXXIV	699	DCXCIX
675	DCLXXV	700	DCC
NUMBER	ROMAN	NUMBER	ROMAN

NUMBER	ROMAN	NUMBER	ROMAN
701	DCCI	726	DCCXXVI
702	DCCII	727	DCCXXVII
703	DCCIII	728	DCCXXVIII
704	DCCIV	729	DCCXXIX
705	DCCV	730	DCCXXX
706	DCCVI	731	DCCXXXI
707	DCCVII	732	DCCXXXII
708	DCCVIII	733	DCCXXXIII
709	DCCIX	734	DCCXXXIV
710	DCCX	735	DCCXXXV
711	DCCXI	736	DCCXXXVI
712	DCCXII	737	DCCXXXVII
713	DCCXIII	738	DCCXXXVIII
714	DCCXIV	739	DCCXXXIX
715	DCCXV	740	DCCXL
716	DCCXVI	741	DCCXLI
717	DCCXVII	742	DCCXLII
718	DCCXVIII	743	DCCXLIII
719	DCCXIX	744	DCCXLIV
720	DCCXX	745	DCCXLV
721	DCCXXI	746	DCCXLVI
722	DCCXXII	747	DCCXLVII
723	DCCXXIII	748	DCCXLVIII
724	DCCXXIV	749	DCCXLIX
725	DCCXXV	750	DCCL

NUMBER	ROMAN	NUMBER	ROMAN
751	DCCLI	776	DCCLXXVI
752	DCCLII	777	DCCLXXVII
753	DCCLIII	778	DCCLXXVIII
754	DCCLIV	779	DCCLXXIX
755	DCCLV	780	DCCLXXX
756	DCCLVI	781	DCCLXXXI
757	DCCLVII	782	DCCLXXXII
758	DCCLVIII	783	DCCLXXXIII
759	DCCLIX	784	DCCLXXXIV
760	DCCLX	785	DCCLXXXV
761	DCCLXI	786	DCCLXXXVI
762	DCCLXII	787	DCCLXXXVII
763	DCCLXIII	788	DCCLXXXVIII
764	DCCLXIV	789	DCCLXXXIX
765	DCCLXV	790	DCCXC
766	DCCLXVI	791	DCCXCI
767	DCCLXVII	792	DCCXCII
768	DCCLXVIII	793	DCCXCIII
769	DCCLXIX	794	DCCXCIV
770	DCCLXX	795	DCCXCV
771	DCCLXXI	796	DCCXCVI
772	DCCLXXII	797	DCCXCVII
773	DCCLXXIII	798	DCCXCVIII
774	DCCLXXIV	799	DCCXCIX
775	DCCLXXV	800	DCCC

NUMBER	ROMAN	NUMBER	ROMAN
801	DCCCI	826	DCCCXXVI
802	DCCCII	827	DCCCXXVII
803	DCCCIII	828	DCCCXXVIII
804	DCCCIV	829	DCCCXXIX
805	DCCCV	830	DCCCXXX
806	DCCCVI	831	DCCCXXXI
807	DCCCVII	832	DCCCXXXII
808	DCCCVIII	833	DCCCXXXIII
809	DCCCIX	834	DCCCXXXIV
810	DCCCX	835	DCCCXXXV
811	DCCCXI	836	DCCCXXXVI
812	DCCCXII	837	DCCCXXXVII
813	DCCCXIII	838	DCCCXXXVIII
814	DCCCXIV	839	DCCCXXXIX
815	DCCCXV	840	DCCCXL
816	DCCCXVI	841	DCCCXLI
817	DCCCXVII	842	DCCCXLII
818	DCCCXVIII	843	DCCCXLIII
819	DCCCXIX	844	DCCCXLIV
820	DCCCXX	845	DCCCXLV
821	DCCCXXI	846	DCCCXLVI
822	DCCCXXII	847	DCCCXLVII
823	DCCCXXIII	848	DCCCXLVIII
824	DCCCXXIV	849	DCCCXLIX
825	DCCCXXV	850	DCCCL

NUMBER	ROMAN	NUMBER	ROMAN
851	DCCCLI	876	DCCCLXXVI
852	DCCCLII	877	DCCCLXXVII
853	DCCCLIII	878	DCCCLXXVIII
854	DCCCLIV	879	DCCCLXXIX
855	DCCCLV	880	DCCCLXXX
856	DCCCLVI	881	DCCCLXXXI
857	DCCCLVII	882	DCCCLXXXII
858	DCCCLVIII	883	DCCCLXXXIII
859	DCCCLIX	884	DCCCLXXXIV
860	DCCCLX	885	DCCCLXXXV
861	DCCCLXI	886	DCCCLXXXVI
862	DCCCLXII	887	DCCCLXXXVII
863	DCCCLXIII	888	DCCCLXXXVIII
864	DCCCLXIV	889	DCCCLXXXIX
865	DCCCLXV	890	DCCCXC
866	DCCCLXVI	891	DCCCXCI
867	DCCCLXVII	892	DCCCXCII
868	DCCCLXVIII	893	DCCCXCIII
869	DCCCLXIX	894	DCCCXCIV
870	DCCCLXX	895	DCCCXCV
871	DCCCLXXI	896	DCCCXCVI
872	DCCCLXXII	897	DCCCXCVII
873	DCCCLXXIII	898	DCCCXCVIII
874	DCCCLXXIV	899	DCCCXCIX
875	DCCCLXXV	900	CM

NUMBER	ROMAN	NUMBER	ROMAN
901	CMI	926	CMXXVI
902	CMII	927	CMXXVII
903	CMIII	928	CMXXVIII
904	CMIV	929	CMXXIX
905	CMV	930	CMXXX
906	CMVI	931	CMXXXI
907	CMVII	932	CMXXXII
908	CMVIII	933	CMXXXIII
909	CMIX	934	CMXXXIV
910	CMX	935	CMXXXV
911	CMXI	936	CMXXXVI
912	CMXII	937	CMXXXVII
913	CMXIII	938	CMXXXVIII
914	CMXIV	939	CMXXXIX
915	CMXV	940	CMXL
916	CMXVI	941	CMXLI
917	CMXVII	942	CMXLII
918	CMXVIII	943	CMXLIII
919	CMXIX	944	CMXLIV
920	CMXX	945	CMXLV
921	CMXXI	946	CMXLVI
922	CMXXII	947	CMXLVII
923	CMXXIII	948	CMXLVIII
924	CMXXIV	949	CMXLIX
925	CMXXV	950	CML

NUMBER	ROMAN	NUMBER	ROMAN
951	CMLI	976	CMLXXVI
952	CMLII	977	CMLXXVII
953	CMLIII	978	CMLXXVIII
954	CMLIV	979	CMLXXIX
955	CMLV	980	CMLXXX
956	CMLVI	981	CMLXXXI
957	CMLVII	982	CMLXXXII
958	CMLVIII	983	CMLXXXIII
959	CMLIX	984	CMLXXXIV
960	CMLX	985	CMLXXXV
961	CMLXI	986	CMLXXXVI
962	CMLXII	987	CMLXXXVII
963	CMLXIII	988	CMLXXXVIII
964	CMLXIV	989	CMLXXXIX
965	CMLXV	990	CMXC
966	CMLXVI	991	CMXCI
967	CMLXVII	992	CMXCII
968	CMLXVIII	993	CMXCIII
969	CMLXIX	994	CMXCIV
970	CMLXX	995	CMXCV
971	CMLXXI	996	CMXCVI
972	CMLXXII	997	CMXCVII
973	CMLXXIII	998	CMXCVIII
974	CMLXXIV	999	CMXCIX
975	CMLXXV	1000	M

ROMAN NUMERALS FROM 1 TO 1000 BY TENS

NUMBER	ROMAN
10	X
20	XX
30	XXX
40	XL
50	L
60	LX
70	LXX
80	LXXX
90	XC
100	C
110	CX
120	CXX
130	CXXX
140	CXL
150	CL
160	CLX
170	CLXX
180	CLXXX
190	CXC
200	CC
210	CCX
220	CCXX
230	CCXXX
240	CCXL
250	CCL

NUMBER	ROMAN
260	CCLX
270	CCLXX
280	CCLXXX
290	CCXC
300	CCC
310	CCCX
320	CCCXX
330	CCCXXX
340	CCCXL
350	CCCL
360	CCCLX
370	CCCLXX
380	CCCLXXX
390	CCCXC
400	CD
410	CDX
420	CDXX
430	CDXXX
440	CDXL
450	CDL
460	CDLX
470	CDLXX
480	CDLXXX
490	CDXC
500	D

NUMBER	ROMAN
510	DX
520	DXX
530	DXXX
540	DXL
550	DL
560	DLX
570	DLXX
580	DLXXX
590	DXC
600	DC
610	DCX
620	DCXX
630	DCXXX
640	DCXL
650	DCL
660	DCLX
670	DCLXX
680	DCLXXX
690	DCXC
700	DCC
710	DCCX
720	DCCXX
730	DCCXXX
740	DCCXL
750	DCCL

NUMBER	ROMAN
760	DCCLX
770	DCCLXX
780	DCCLXXX
790	DCCXC
800	DCCC
810	DCCCX
820	DCCCXX
830	DCCCXXX
840	DCCCXL
850	DCCCL
860	DCCCLX
870	DCCCLXX
880	DCCCLXXX
890	DCCCXC
900	CM
910	CMX
920	CMXX
930	CMXXX
940	CMXL
950	CML
960	CMLX
970	CMLXX
980	CMLXXX
990	CMXC
1000	M

CONVERTING FROM ROMAN NUMERALS TO NUMBERS, AND FROM NUMBERS TO ROMAN NUMERALS

WRITE THE CORRECT NUMBER NEXT TO EACH ROMAN NUMERAL

CCCI = _____   CLII = _____

CDLIII = _____   DCCCLIV = _____

CMLV = _____   CMVI = _____

DLVII = _____   DCLVIII = _____

CDIX = _____   CCLX = _____

WRITE THE CORRECT ROMAN NUMERAL NEXT TO EACH NUMBER

1 = __I__   602 = _____

453 = _____   104 = _____

205 = _____   706 = _____

857 = _____   858 = _____

759 = _____   710 = _____

WRITE THE CORRECT NUMBER NEXT TO EACH ROMAN NUMERAL

CCCLI   = _____   CCLII   = _____
DCCCIII = _____   DLIV   = _____
CDV   = _____   DCCLVI   = _____
CCCVII   = _____   CLVIII   = _____
DLIX   = _____   CDX   = _____

WRITE THE CORRECT ROMAN NUMERAL NEXT TO EACH NUMBER

101 = _____   352 = _____
953 = _____   954 = _____
605 = _____   556 = _____
157 = _____   758 = _____
809 = _____   660 = _____

WRITE THE CORRECT NUMBER NEXT TO EACH ROMAN NUMERAL

DLI = _____ CCCLII = _____

DCIII = _____ CMIV = _____

LV = _____ CCVI = _____

DCCCLVII = _____ CCCVIII = _____

CDLIX = _____ DLX = _____

WRITE THE CORRECT ROMAN NUMERAL NEXT TO EACH NUMBER

151 = _____ 52 = _____

553 = _____ 304 = _____

355 = _____ 456 = _____

207 = _____ 708 = _____

709 = _____ 260 = _____

WRITE THE CORRECT NUMBER NEXT TO EACH ROMAN NUMERAL

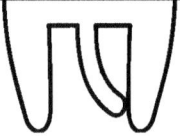

CDI = _____   CDII = _____

DCCIII = _____   DCIV = _____

DCCCV = _____   LVI = _____

CDVII = _____   DCCCVIII = _____

CCIX = _____   DCCLX = _____

WRITE THE CORRECT ROMAN NUMERAL NEXT TO EACH NUMBER

201 = _____   902 = _____

603 = _____   904 = _____

455 = _____   656 = _____

957 = _____   308 = _____

609 = _____   10 = _____

WRITE THE CORRECT NUMBER NEXT TO EACH ROMAN NUMERAL

CLI = _____   II = _____
DLIII = _____   CCCIV = _____
DCLV = _____   CCCLVI = _____
CLVII = _____   DCVIII = _____
CCCLIX = _____   DCCCLX = _____

WRITE THE CORRECT ROMAN NUMERAL NEXT TO EACH NUMBER

251 = _____   752 = _____
3 = _____   154 = _____
955 = _____   756 = _____
907 = _____   358 = _____
159 = _____   310 = _____

WRITE THE CORRECT NUMBER NEXT TO EACH ROMAN NUMERAL

CMLI = _____   LII = _____
CIII = _____   CCIV = _____
CLV = _____   DCCCVI = _____
CCVII = _____   DCCVIII = _____
IX = _____   CDLX = _____

WRITE THE CORRECT ROMAN NUMERAL NEXT TO EACH NUMBER

301 = _____   502 = _____
153 = _____   204 = _____
505 = _____   206 = _____
507 = _____   658 = _____
559 = _____   960 = _____

WRITE THE CORRECT NUMBER NEXT TO EACH ROMAN NUMERAL

CCLI = _____   DCCII = _____
CCCLIII = _____   CMLIV = _____
DLV = _____   CDVI = _____
DCCCVII = _____   CDVIII = _____
CCCIX = _____   DX = _____

WRITE THE CORRECT ROMAN NUMERAL NEXT TO EACH NUMBER

351 = _____   802 = _____
803 = _____   604 = _____
105 = _____   406 = _____
7 = _____   8 = _____
459 = _____   160 = _____

WRITE THE CORRECT NUMBER NEXT TO EACH ROMAN NUMERAL

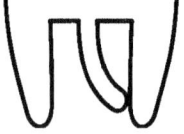

CI = _____   DCLII = _____
DCLIII = _____   CDLIV = _____
V = _____   CLVI = _____
LVII = _____   CCVIII = _____
CMIX = _____   CMX = _____

WRITE THE CORRECT ROMAN NUMERAL NEXT TO EACH NUMBER

401 = _____   702 = _____
503 = _____   404 = _____
405 = _____   256 = _____
307 = _____   458 = _____
509 = _____   460 = _____

WRITE THE CORRECT NUMBER NEXT TO EACH ROMAN NUMERAL

DCCI = _____   DII = _____

DCCCLIII = _____   DCCLIV = _____

DCCCLV = _____   DCCCLVI = _____

DCCLVII = _____   CCLVIII = _____

DCCCIX = _____   CCCX = _____

WRITE THE CORRECT ROMAN NUMERAL NEXT TO EACH NUMBER

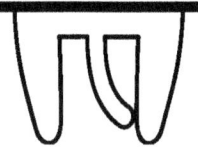

451 = _____   552 = _____

303 = _____   454 = _____

755 = _____   956 = _____

807 = _____   508 = _____

109 = _____   910 = _____

WRITE THE CORRECT NUMBER NEXT TO EACH ROMAN NUMERAL

DCCCLI = _____

III = _____

CMV = _____

DCCVII = _____

DCCLIX = _____

CMII = _____

DCCCIV = _____

CMLVI = _____

CMVIII = _____

DCCX = _____

WRITE THE CORRECT ROMAN NUMERAL NEXT TO EACH NUMBER

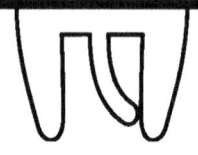

501 = _____

103 = _____

55 = _____

657 = _____

9 = _____

952 = _____

504 = _____

6 = _____

408 = _____

110 = _____

WRITE THE CORRECT NUMBER NEXT TO EACH ROMAN NUMERAL

CCI = _____   CMLII = _____

CCCIII = _____ DCCIV = _____

CCV = _____   VI = _____

CMVII = _____   DVIII = _____

DCLIX = _____   X = _____

WRITE THE CORRECT ROMAN NUMERAL NEXT TO EACH NUMBER

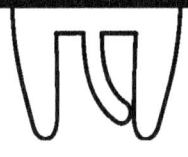

51 = _____   152 = _____

903 = _____   4 = _____

255 = _____   156 = _____

707 = _____   908 = _____

909 = _____   560 = _____

WRITE THE CORRECT NUMBER NEXT TO EACH ROMAN NUMERAL

DCCLI = _____   DCCCLII = _____

LIII = _____   CIV = _____

DV = _____   DLVI = _____

CVII = _____   CCCLVIII = _____

CLIX = _____   CX = _____

WRITE THE CORRECT ROMAN NUMERAL NEXT TO EACH NUMBER

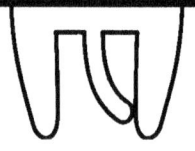

551 = _____   402 = _____

53 = _____   854 = _____

905 = _____   606 = _____

607 = _____   808 = _____

309 = _____   810 = _____

WRITE THE CORRECT NUMBER NEXT TO EACH ROMAN NUMERAL

DCLI = _____ CDLII = _____

CCIII = _____ CCLIV = _____

DCCLV = _____ CCCVI = _____

CMLVII = _____ VIII = _____

DIX = _____ DCX = _____

WRITE THE CORRECT ROMAN NUMERAL NEXT TO EACH NUMBER

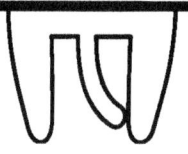

601 = _____ 252 = _____

753 = _____ 354 = _____

5 = _____ 306 = _____

557 = _____ 958 = _____

209 = _____ 860 = _____

WRITE THE CORRECT NUMBER NEXT TO EACH ROMAN NUMERAL

DCI = _____ CII = _____

CLIII = _____ CLIV = _____

CV = _____ DCCVI = _____

CCCLVII = _____ CMLVIII = _____

LIX = _____ DCCCX = _____

WRITE THE CORRECT ROMAN NUMERAL NEXT TO EACH NUMBER

651 = _____ 652 = _____

703 = _____ 654 = _____

655 = _____ 106 = _____

57 = _____ 608 = _____

259 = _____ 760 = _____

WRITE THE CORRECT NUMBER NEXT TO EACH ROMAN NUMERAL

DCCCI = _____ CCCII = _____

CDIII = _____ CDIV = _____

CCCV = _____ DCLVI = _____

CDLVII = _____ CDLVIII = _____

CIX = _____ CMLX = _____

WRITE THE CORRECT ROMAN NUMERAL NEXT TO EACH NUMBER

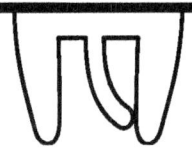

701 = _____ 202 = _____

353 = _____ 704 = _____

555 = _____ 506 = _____

457 = _____ 258 = _____

59 = _____ 360 = _____

WRITE THE CORRECT NUMBER NEXT TO EACH ROMAN NUMERAL

LI = _____

CMIII = _____

DCV = _____

DCVII = _____

CMLIX = _____

DLII = _____

IV = _____

CDLVI = _____

DCCCLVIII = _____

DCLX = _____

WRITE THE CORRECT ROMAN NUMERAL NEXT TO EACH NUMBER

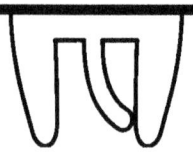

751 = _____

403 = _____

805 = _____

107 = _____

659 = _____

2 = _____

554 = _____

806 = _____

58 = _____

510 = _____

WRITE THE CORRECT NUMBER NEXT TO EACH ROMAN NUMERAL

I = _____
CMLIII = _____
DCCV = _____
DCLVII = _____
DCCIX = _____

CCII = _____
DCLIV = _____
DCVI = _____
CVIII = _____
CLX = _____

WRITE THE CORRECT ROMAN NUMERAL NEXT TO EACH NUMBER

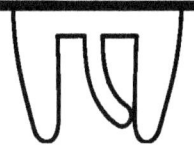

801 = _____
653 = _____
705 = _____
257 = _____
959 = _____

852 = _____
254 = _____
856 = _____
108 = _____
410 = _____

WRITE THE CORRECT NUMBER NEXT TO EACH ROMAN NUMERAL

CDLI = _____   DCCLII = _____

DCCLIII = _____   LIV = _____

CCCLV = _____   DVI = _____

DVII = _____   DCCLVIII = _____

DCIX = _____   CCCLX = _____

WRITE THE CORRECT ROMAN NUMERAL NEXT TO EACH NUMBER

851 = _____   302 = _____

253 = _____   754 = _____

155 = _____   356 = _____

757 = _____   558 = _____

859 = _____   610 = _____

WRITE THE CORRECT NUMBER NEXT TO EACH ROMAN NUMERAL

DI = _____   DCII = _____
CCLIII = _____   DIV = _____
CDLV = _____   CCLVI = _____
VII = _____   LVIII = _____
CCLIX = _____   LX = _____

WRITE THE CORRECT ROMAN NUMERAL NEXT TO EACH NUMBER

901 = _____   452 = _____
853 = _____   804 = _____
305 = _____   56 = _____
407 = _____   208 = _____
359 = _____   210 = _____

WRITE THE CORRECT NUMBER NEXT TO EACH ROMAN NUMERAL

CMI = _____   DCCCII = _____
DIII = _____   CCCLIV = _____
CCLV = _____   CVI = _____
CCLVII = _____   DLVIII = _____
DCCCLIX = _____   CCX = _____

WRITE THE CORRECT ROMAN NUMERAL NEXT TO EACH NUMBER

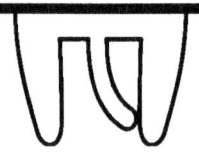

951 = _____   102 = _____
203 = _____   54 = _____
855 = _____   906 = _____
357 = _____   158 = _____
409 = _____   60 = _____

MATCH THE ROMAN NUMERALS

MATCH THE ROMAN NUMERALS TO THE CORRECT NUMBER

THE ANSWER CAN BE IN THE SAME COLUMN

161
CLXI
CLXIII
CLI
162
165
CLIII
CLVII
CLXIV
164
CLII
153
152
154
151

156
157
CLVIII
CLXV
155
CLIV
159
158
CLIX
CLX
160
CLV
163
CLVI
CLXII

050

MATH THE ROMAN NUMERALS TO THE CORRECT NUMBER

THE ANSWER CAN BE IN THE SAME COLUMN

263
259
CCLXIV
253
CCLIX
CCLI
255
CCLVI
CCLXII
256
CCLVII
251
CCLV
CCLIV
265

257
260
CCLXIII
258
CCLII
254
CCLXI
261
252
CCLIII
CCLXV
CCLVIII
264
CCLX
262

MATCH THE ROMAN NUMERALS TO THE CORRECT NUMBER

THE ANSWER CAN BE IN THE SAME COLUMN

411
412
415
413
402
CDIII
401
CDXIII
CDXV
CDXIV
CDVII
CDIV
CDXI
CDI
414

404
409
407
CDV
CDX
406
408
410
CDVIII
CDII
CDIX
405
CDVI
CDXII
403

MATCH THE ROMAN NUMERALS TO THE CORRECT NUMBER

THE ANSWER CAN BE IN THE SAME COLUMN

460
451
CDLIV
457
452
CDLII
CDLXII
CDLXI
453
464
CDLV
CDLIII
462
465
CDLXIV

456
455
CDLVIII
CDLXIII
CDLXV
CDLX
458
CDLVI
CDLIX
CDLVII
461
454
463
459
CDLI

MATH THE ROMAN NUMERALS TO THE CORRECT NUMBER

THE ANSWER CAN BE IN THE SAME COLUMN

DXIV
502
512
507
DXII
514
505
506
515
DIV
503
DIX
DV
510
DXV

513
DVIII
DVII
DII
504
509
DIII
DVI
508
DI
DXI
501
DXIII
511
DX

MATCH THE ROMAN NUMERALS TO THE CORRECT NUMBER

THE ANSWER CAN BE IN THE SAME COLUMN

553
552
DLVII
DLXV
DLXI
551
564
DLXIV
563
554
555
DLVI
DLVIII
557
DLIX

556
DLV
DLXIII
DLIII
565
559
DLX
DLIV
DLXII
DLI
558
561
DLII
560
562

MATH THE ROMAN NUMERALS TO THE CORRECT NUMBER

THE ANSWER CAN BE IN THE SAME COLUMN

54
LVII
60
LIII
LI
LXIV
65
51
63
62
LXI
LXV
LXII
LIV
58

61
LVI
59
53
56
LVIII
57
LXIII
52
LX
64
55
LII
LIX
LV

MATH THE ROMAN NUMERALS TO THE CORRECT NUMBER

THE ANSWER CAN BE IN THE SAME COLUMN

702
707
DCCXIV
701
DCCI
713
711
DCCIV
708
712
715
DCCXV
DCCVIII
DCCXI
DCCIII

706
710
DCCX
704
714
705
DCCVI
DCCV
703
DCCXII
DCCVII
709
DCCII
DCCXIII
DCCIX

MATH THE ROMAN NUMERALS TO THE CORRECT NUMBER

THE ANSWER CAN BE IN THE SAME COLUMN

DCCCLX
DCCCLXII
858
DCCCLVIII
852
862
DCCCLVII
DCCCLV
DCCCLIV
854
DCCCLVI
856
865
DCCCLI
860

853
863
851
861
DCCCLXIV
DCCCLXIII
859
857
DCCCLXI
DCCCLII
DCCCLIX
864
DCCCLIII
855
DCCCLXV

MATH THE ROMAN NUMERALS TO THE CORRECT NUMBER

THE ANSWER CAN BE IN THE SAME COLUMN

CMXIV
CMVII
914
CMX
CMIII
903
CMII
CMIV
901
913
908
CMVIII
910
CMXIII
CMXI

907
902
CMVI
912
CMIX
909
CMV
905
906
911
915
CMXV
904
CMXII
CMI

MATH THE ROMAN NUMERALS TO THE CORRECT NUMBER

THE ANSWER CAN BE IN THE SAME COLUMN

CMLXII
CMLV
CMLIV
955
954
CMLVI
959
CMLI
CMLIX
963
CMLXV
CMLXI
964
957
951

961
960
965
CMLII
958
962
CMLVII
CMLVIII
CMLIII
CMLXIII
CMLXIV
CMLX
956
953
952

MATH THE ROMAN NUMERALS TO THE CORRECT NUMBER

THE ANSWER CAN BE IN THE SAME COLUMN

357
CCCLXII
353
358
CCCLXI
CCCLV
365
356
CCCLVI
361
354
CCCLXIV
362
359
CCCLVII

CCCLIII
355
CCCLVIII
363
351
352
CCCLXIII
CCCLIV
360
CCCLIX
CCCLXV
364
CCCLII
CCCLX
CCCLI

MATH THE ROMAN NUMERALS TO THE CORRECT NUMBER

THE ANSWER CAN BE IN THE SAME COLUMN

CCCV
CCCIV
305
310
CCCXII
CCCVII
312
CCCVI
301
306
CCCX
304
303
311
CCCXIV

CCCVIII
309
CCCXV
CCCXIII
307
302
314
CCCIX
CCCII
CCCIII
CCCI
308
CCCXI
313
315

MATCH THE ROMAN NUMERALS TO THE CORRECT NUMBER

THE ANSWER CAN BE IN THE SAME COLUMN

208
CCXI
CCIX
CCVI
CCIII
202
204
210
CCX
206
205
203
CCVII
207
215

CCIV
CCXIII
CCXII
CCI
CCXV
214
213
CCVIII
201
211
209
212
CCXIV
CCII
CCV

MATH THE ROMAN NUMERALS TO THE CORRECT NUMBER

THE ANSWER CAN BE IN THE SAME COLUMN

CXII
105
106
111
108
115
CIII
CVI
CXV
CVIII
109
103
CV
CIV
102

CXI
101
CX
107
110
CII
CXIII
CVII
113
112
CIX
104
114
CI
CXIV

MATH THE ROMAN NUMERALS TO THE CORRECT NUMBER

THE ANSWER CAN BE IN THE SAME COLUMN

812
804
803
801
DCCCX
810
813
DCCCXII
DCCCVIII
805
DCCCVII
DCCCII
806
DCCCV
807

DCCCXIV
802
808
DCCCIII
814
DCCCI
811
DCCCXV
DCCCIX
809
815
DCCCVI
DCCCIV
DCCCXIII
DCCCXI

MATCH THE ROMAN NUMERALS TO THE CORRECT NUMBER

THE ANSWER CAN BE IN THE SAME COLUMN

764
756
752
DCCLXIV
DCCLI
DCCLVIII
765
755
757
DCCLIV
753
DCCLXIII
DCCLII
762
751

DCCLVI
759
DCCLXII
DCCLXV
DCCLIX
763
758
DCCLX
761
760
754
DCCLXI
DCCLIII
DCCLVII
DCCLV

MATH THE ROMAN NUMERALS TO THE CORRECT NUMBER

THE ANSWER CAN BE IN THE SAME COLUMN

DCXV
604
613
606
603
DCXIV
608
DCXIII
DCIV
DCXII
615
DCVIII
611
609
DCXI

DCIII
602
DCII
612
DCX
DCV
601
614
DCI
DCVII
607
DCVI
610
DCIX
605

MATH THE ROMAN NUMERALS TO THE CORRECT NUMBER

THE ANSWER CAN BE IN THE SAME COLUMN

659
655
657
DCLX
DCLII
DCLVI
DCLXII
658
DCLIV
662
DCLVIII
DCLIX
DCLXV
652
653

DCLXIV
660
661
DCLXIII
DCLIII
651
663
664
656
DCLXI
DCLV
654
DCLI
DCLVII
665

MATH THE ROMAN NUMERALS TO THE CORRECT NUMBER

THE ANSWER CAN BE IN THE SAME COLUMN

VI
5
IX
3
11
VII
10
XI
2
IV
7
XIV
8
I
4

VIII
6
V
12
XII
1
II
14
XV
9
13
X
15
XIII
III

ADD AND SUBTRACT ROMAN NUMERALS

ADDING

ADDING ROMAN NUMERALS CAN BE QUITE TRICKY

				NUMBER	ROMAN
XXII	+	XVI	=	=	
VII	+	IX	=	=	
I	+	XXI	=	=	
XXIII	+	VII	=	=	
LIII	+	XXIV	=	=	
XCIII	+	XIII	=	=	
XXVI	+	LXXXI	=	=	
XV	+	LXVII	=	=	
LXX	+	LXXXVI	=	=	
XII	+	LIII	=	=	
LII	+	LXXI	=	=	
LII	+	XXIV	=	=	
XVI	+	LXXIV	=	=	
XCIII	+	LIX	=	=	
LIX	+	LXXII	=	=	

ADDING ROMAN NUMERALS CAN BE QUITE TRICKY

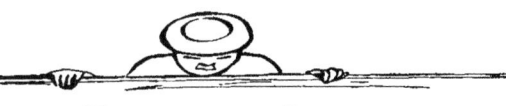

				NUMBER	ROMAN
XXXIX	+	XXXVII	=		=
II	+	LII	=		=
XC	+	IX	=		=
XLVII	+	LXXXVI	=		=
XVI	+	XLIII	=		=
XVIII	+	XVI	=		=
LVI	+	XLI	=		=
LXVIII	+	LXIII	=		=
XXV	+	LXIX	=		=
LXXX	+	LIII	=		=
XXVIII	+	LXXVII	=		=
XX	+	XIX	=		=
LV	+	LXXXIV	=		=
XXX	+	XXXVIII	=		=
XXVI	+	XXXVIII	=		=

ADDING ROMAN NUMERALS CAN BE QUITE TRICKY

				NUMBER	ROMAN
VII	+	III	=	=	
VII	+	LXXXIX	=	=	
LX	+	XVI	=	=	
XXXI	+	I	=	=	
XL	+	XXXI	=	=	
XVII	+	LXVI	=	=	
LXXXI	+	LXXII	=	=	
XLVII	+	LIV	=	=	
XCVIII	+	IX	=	=	
XLII	+	LXXIV	=	=	
LXXI	+	XCVI	=	=	
XVII	+	LXXXII	=	=	
LI	+	I	=	=	
XCVI	+	XXXII	=	=	
III	+	LXX	=	=	

ADDING ROMAN NUMERALS CAN BE QUITE TRICKY

				NUMBER	ROMAN
LXXXIX	+	L	=	=	
LXXV	+	XXIII	=	=	
XXV	+	LIII	=	=	
XXXIV	+	IV	=	=	
LXXIV	+	LVI	=	=	
LIV	+	XVI	=	=	
XXI	+	II	=	=	
LXV	+	XXXIX	=	=	
CCL	+	LXIX	=	=	
XLVIII	+	LXXVIII	=	=	
LXXV	+	LXXXVI	=	=	
LV	+	VIII	=	=	
XVII	+	XI	=	=	
XXV	+	XCVII	=	=	
LXIV	+	XIII	=	=	

ADDING ROMAN NUMERALS CAN BE QUITE TRICKY

				NUMBER	ROMAN
XXXII	+	LIII	=	=	
XLIX	+	XXI	=	=	
XXXI	+	LVII	=	=	
XCV	+	LXVIII	=	=	
XCIV	+	XLII	=	=	
XVI	+	LXXX	=	=	
LXXXVII	+	XL	=	=	
XXIX	+	LX	=	=	
LXI	+	LII	=	=	
XLVIII	+	LXXX	=	=	
VI	+	I	=	=	
XV	+	VI	=	=	
LXXXVI	+	XXX	=	=	
LXIII	+	XLIV	=	=	
XXXV	+	VIII	=	=	

ADDING ROMAN NUMERALS CAN BE QUITE TRICKY

				NUMBER	ROMAN
LXVI	+	LVI	=	=	
LXXVI	+	XXIX	=	=	
IX	+	XXXIX	=	=	
XXX	+	LXXIV	=	=	
LXXXVI	+	LXII	=	=	
XXIII	+	LXVII	=	=	
LXXIII	+	LXXI	=	=	
XLIII	+	XLIII	=	=	
XCIV	+	LXXVII	=	=	
LXXXVIII	+	XCV	=	=	
XIII	+	LXII	=	=	
XCIII	+	LXXXIX	=	=	
XC	+	XX	=	=	
XLVI	+	XLVII	=	=	
LXIX	+	LXV	=	=	

ADDING ROMAN NUMERALS CAN BE QUITE TRICKY

				NUMBER	ROMAN
LXXII	+	LVIII	=	=	
XXIII	+	XCIII	=	=	
XVIII	+	XV	=	=	
XLIX	+	XLIII	=	=	
XXIX	+	XCI	=	=	
XCI	+	XLVIII	=	=	
LII	+	LII	=	=	
VIII	+	LXXIII	=	=	
LXXXIV	+	II	=	=	
XV	+	LXXX	=	=	
VII	+	XXIV	=	=	
XIV	+	XVI	=	=	
LXXI	+	LXVI	=	=	
LXXIV	+	XVII	=	=	
LXXXIX	+	V	=	=	

ADDING ROMAN NUMERALS CAN BE QUITE TRICKY

				NUMBER		ROMAN
V	+	LX	=		=	
LXIII	+	LXXXIII	=		=	
LXXXI	+	XCVI	=		=	
XXIX	+	XXXI	=		=	
LXV	+	XXXII	=		=	
LXVII	+	LXXXVIII	=		=	
LXXX	+	XXIX	=		=	
XVI	+	LXXIV	=		=	
LVII	+	LIII	=		=	
XXVIII	+	L	=		=	
XLII	+	XLV	=		=	
LIX	+	LXV	=		=	
XXXIV	+	XXXVII	=		=	
XVI	+	XCI	=		=	
XXXVIII	+	LIX	=		=	

ADDING ROMAN NUMERALS CAN BE QUITE TRICKY

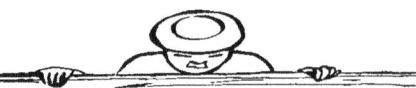

				NUMBER	ROMAN
XVI	+	LXI	=	=	
III	+	LXXV	=	=	
XXXVIII	+	XX	=	=	
XLVII	+	XX	=	=	
VII	+	LXVI	=	=	
XXXV	+	LIV	=	=	
XCII	+	XLI	=	=	
IV	+	LVIII	=	=	
VIII	+	XXXVI	=	=	
XLII	+	XVI	=	=	
XIX	+	XXIV	=	=	
LI	+	LXXXI	=	=	
LII	+	LXXXV	=	=	
XXVI	+	LIX	=	=	
LXXI	+	LXXXIX	=	=	

ADDING ROMAN NUMERALS CAN BE QUITE TRICKY

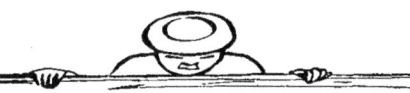

				NUMBER	ROMAN
LXVIII	+	LXII	=	=	
XXIII	+	LVII	=	=	
XCII	+	XXV	=	=	
LXXI	+	XV	=	=	
XLIII	+	XII	=	=	
XCI	+	LXXXI	=	=	
XXIII	+	XVI	=	=	
LII	+	LXX	=	=	
X	+	XXXII	=	=	
LXXII	+	LXXXVIII	=	=	
XXVI	+	LXXXIV	=	=	
XLV	+	VII	=	=	
XL	+	XXIX	=	=	
LVI	+	LXXI	=	=	
XLIV	+	LVII	=	=	

ADDING ROMAN NUMERALS CAN BE QUITE TRICKY

				NUMBER	ROMAN
VII	+	LXIV	=	=	
LXIII	+	LIII	=	=	
VI	+	XLI	=	=	
XCVIII	+	XCII	=	=	
LXXXV	+	XCI	=	=	
LII	+	XVI	=	=	
LXVIII	+	LXXXVII	=	=	
LXXII	+	XVI	=	=	
LVI	+	XXXVII	=	=	
XXVII	+	XLVIII	=	=	
LIV	+	XXX	=	=	
LXXX	+	C	=	=	
LI	+	LXXXI	=	=	
XLII	+	LXXXI	=	=	
XCV	+	XXXV	=	=	

ADDING ROMAN NUMERALS CAN BE QUITE TRICKY

				NUMBER	ROMAN
LXXVIII	+	LXIX	=	=	
LXVIII	+	XXXI	=	=	
LXXIX	+	LXXXIII	=	=	
LI	+	LXXXIX	=	=	
LII	+	XXXI	=	=	
XXXV	+	LXXVII	=	=	
XXIII	+	LXXI	=	=	
XXVIII	+	XX	=	=	
LXIII	+	XXV	=	=	
LXV	+	XLII	=	=	
LXIII	+	XXXVIII	=	=	
XLII	+	LXIX	=	=	
LXXII	+	LXIII	=	=	
IV	+	XLIX	=	=	
LVIII	+	XVI	=	=	

ADDING ROMAN NUMERALS CAN BE QUITE TRICKY

			NUMBER	ROMAN
LXXVII	+	LXXIII	=	=
XLI	+	X	=	=
XXXII	+	VII	=	=
LXXXIV	+	III	=	=
XCVI	+	XC	=	=
LXXIII	+	XXXV	=	=
XIV	+	XIX	=	=
LXXXII	+	XV	=	=
XIII	+	V	=	=
XXXII	+	XVII	=	=
I	+	VIII	=	=
XXXVII	+	LXVII	=	=
LX	+	XXI	=	=
LXXXVI	+	LXXV	=	=
XC	+	XVI	=	=

ADDING ROMAN NUMERALS CAN BE QUITE TRICKY

				NUMBER	ROMAN
XCVII	+	LXXXIX	=		=
LIX	+	XLIX	=		=
VIII	+	LIX	=		=
XXXV	+	LXVII	=		=
LXXII	+	XXIX	=		=
XXIII	+	LXV	=		=
I	+	LI	=		=
XXXIX	+	LVII	=		=
LXXVIII	+	XXXVIII	=		=
XIX	+	XIX	=		=
LXV	+	XXIII	=		=
XXXIV	+	XXV	=		=
XXI	+	LIV	=		=
XXVI	+	LIII	=		=
XCIX	+	XXV	=		=

ADDING ROMAN NUMERALS CAN BE QUITE TRICKY

				NUMBER	ROMAN
LXX	+	XC	=		=
XLI	+	LI	=		=
LIX	+	LVIII	=		=
LIX	+	IX	=		=
L	+	XLVI	=		=
XLII	+	VII	=		=
XIV	+	LXXV	=		=
XLVI	+	LXIV	=		=
LXXIV	+	IV	=		=
LXXI	+	XL	=		=
XLIX	+	LXXXIV	=		=
XVI	+	LXXXVI	=		=
LVI	+	LX	=		=
XX	+	XXXIV	=		=
VI	+	LXXXIX	=		=

ADDING ROMAN NUMERALS CAN BE QUITE TRICKY

				NUMBER	ROMAN
XCIV	+	XL	=	=	
XLIII	+	XCVII	=	=	
LXXXVII	+	VI	=	=	
XXV	+	V	=	=	
XXXVIII	+	XLIX	=	=	
XXXIX	+	XX	=	=	
LXXVIII	+	XIII	=	=	
XXVIII	+	XXXVI	=	=	
XXIV	+	LXXXVI	=	=	
XXXII	+	XCVII	=	=	
LXXXVI	+	VI	=	=	
LXI	+	LXXIII	=	=	
XXIII	+	L	=	=	
VII	+	LVIII	=	=	
LI	+	LXXVI	=	=	

ADDING ROMAN NUMERALS CAN BE QUITE TRICKY

				NUMBER	ROMAN
LXVIII	+	XVI	=	=	
XXXIX	+	LVII	=	=	
VII	+	LXXXIV	=	=	
XLVI	+	XXI	=	=	
VI	+	LIV	=	=	
XXI	+	IX	=	=	
XLVI	+	XXXIX	=	=	
XCVI	+	XCIX	=	=	
XXIV	+	XLIV	=	=	
XC	+	LXXXII	=	=	
XXIX	+	XXV	=	=	
LIII	+	LXXXV	=	=	
LXIV	+	XXXVII	=	=	
LXVI	+	LXXXII	=	=	
XLII	+	LIII	=	=	

ADDING ROMAN NUMERALS CAN BE QUITE TRICKY

				NUMBER	ROMAN
LXXXIX	+	XVIII	=		=
LXXII	+	III	=		=
XXII	+	LX	=		=
XXV	+	LXIII	=		=
VI	+	LXXX	=		=
LXXIX	+	XXVIII	=		=
XCV	+	IV	=		=
XXXVII	+	XLII	=		=
LXXX	+	II	=		=
LX	+	XLIII	=		=
LXXXIII	+	XCIII	=		=
LXXVII	+	XIX	=		=
XLIII	+	LVI	=		=
LXXXVI	+	LXXXIV	=		=
LXXXVI	+	LXVII	=		=

ADDING ROMAN NUMERALS CAN BE QUITE TRICKY

				NUMBER	ROMAN
XIV	+	XX	=	=	
LV	+	XCIII	=	=	
I	+	XXIX	=	=	
LXXX	+	XCVI	=	=	
XXX	+	XIX	=	=	
VIII	+	VIII	=	=	
XXXI	+	XIII	=	=	
LXX	+	LVII	=	=	
XX	+	I	=	=	
LXXXVIII	+	XXXIV	=	=	
XCII	+	V	=	=	
XXXVIII	+	XXXI	=	=	
LXV	+	V	=	=	
LXV	+	LXXXIX	=	=	
XI	+	VII	=	=	

ADDING ROMAN NUMERALS CAN BE QUITE TRICKY

				NUMBER	ROMAN
LXXV	+	XXXVII	=	=	
I	+	XXVII	=	=	
XXXIX	+	LXXXV	=	=	
VIII	+	XXVI	=	=	
LIX	+	VI	=	=	
LXIV	+	XXXIII	=	=	
LXXXII	+	XVIII	=	=	
LXXV	+	XLII	=	=	
XCVI	+	LXXVI	=	=	
LXX	+	LVII	=	=	
LXXXV	+	LXVIII	=	=	
XCII	+	XCII	=	=	
XCIX	+	XIV	=	=	
LXVII	+	XXVIII	=	=	
LXI	+	XL	=	=	

SUBTRACTING

SUBTRACTING ROMAN NUMERALS CAN BE QUITE TRICKY

				NUMBER	ROMAN
LXXII	-	VIII	=	=	
XXIV	-	VIII	=	=	
XVIII	-	III	=	=	
XVI	-	VIII	=	=	
XXXVI	-	VI	=	=	
XXXII	-	VIII	=	=	
L	-	V	=	=	
XXXII	-	IV	=	=	
IX	-	III	=	=	
X	-	II	=	=	
II	-	I	=	=	
VIII	-	VIII	=	=	
XXI	-	III	=	=	
IX	-	I	=	=	
XLVIII	-	VI	=	=	

SUBTRACTING ROMAN NUMERALS CAN BE QUITE TRICKY

				NUMBER	ROMAN
XXIV	-	VI	=	=	
XXXII	-	IV	=	=	
IV	-	I	=	=	
XLVIII	-	VIII	=	=	
XLVIII	-	VIII	=	=	
XLVIII	-	VIII	=	=	
XXIV	-	VIII	=	=	
XLV	-	IX	=	=	
XIV	-	VII	=	=	
XXVIII	-	VII	=	=	
LX	-	VI	=	=	
LXXII	-	VIII	=	=	
XXIV	-	VI	=	=	
XVI	-	VIII	=	=	
XVI	-	II	=	=	

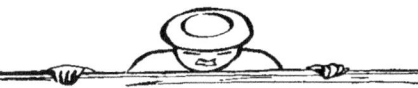

SUBTRACTING ROMAN NUMERALS CAN BE QUITE TRICKY

				NUMBER	ROMAN
XLII	-	VI	=	=	
XXIV	-	VIII	=	=	
VII	-	VII	=	=	
XXV	-	V	=	=	
IV	-	II	=	=	
XLII	-	VII	=	=	
XVI	-	IV	=	=	
XXIV	-	III	=	=	
XVIII	-	II	=	=	
XVI	-	VIII	=	=	
XX	-	IV	=	=	
XXXII	-	VIII	=	=	
XIV	-	II	=	=	
XV	-	V	=	=	
XVIII	-	II	=	=	

SUBTRACTING ROMAN NUMERALS CAN BE QUITE TRICKY

				NUMBER	ROMAN
XXIV	-	VIII	=	=	
XX	-	IV	=	=	
LXIII	-	VII	=	=	
XXIV	-	VI	=	=	
XIV	-	II	=	=	
VIII	-	II	=	=	
XVIII	-	VI	=	=	
XXV	-	V	=	=	
LXXII	-	VIII	=	=	
XXVIII	-	IV	=	=	
XLIX	-	VII	=	=	
XXVIII	-	IV	=	=	
LXXXI	-	IX	=	=	
XLIX	-	VII	=	=	
XXI	-	VII	=	=	

SUBTRACTING ROMAN NUMERALS CAN BE QUITE TRICKY

				NUMBER	ROMAN
XX	-	II	=	=	
XLVIII	-	VI	=	=	
XXV	-	V	=	=	
XII	-	VI	=	=	
VIII	-	VIII	=	=	
XXI	-	VII	=	=	
V	-	V	=	=	
LXIII	-	VII	=	=	
LVI	-	VIII	=	=	
V	-	V	=	=	
XLV	-	V	=	=	
VI	-	I	=	=	
XXX	-	III	=	=	
XX	-	V	=	=	
XXIV	-	VI	=	=	

SUBTRACTING ROMAN NUMERALS CAN BE QUITE TRICKY

				NUMBER	ROMAN
X	-	II	=	=	
XII	-	II	=	=	
XVI	-	VIII	=	=	
XIV	-	VII	=	=	
XLVIII	-	VI	=	=	
XVIII	-	VI	=	=	
LXIV	-	VIII	=	=	
VI	-	III	=	=	
VIII	-	I	=	=	
XV	-	V	=	=	
XX	-	IV	=	=	
X	-	II	=	=	
XVI	-	II	=	=	
XXVIII	-	VII	=	=	
XL	-	V	=	=	

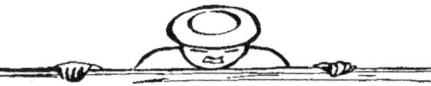

SUBTRACTING ROMAN NUMERALS CAN BE QUITE TRICKY

				NUMBER	ROMAN
XLII	-	VI	=	=	
VIII	-	VIII	=	=	
XVI	-	VIII	=	=	
L	-	V	=	=	
LXIII	-	VII	=	=	
XVI	-	IV	=	=	
XVI	-	VIII	=	=	
XV	-	III	=	=	
VI	-	III	=	=	
XXXVI	-	IV	=	=	
XXXV	-	VII	=	=	
X	-	V	=	=	
LXXII	-	VIII	=	=	
XL	-	V	=	=	
XXXV	-	V	=	=	

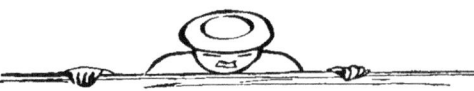

SUBTRACTING ROMAN NUMERALS CAN BE QUITE TRICKY

				NUMBER	ROMAN
LIV	-	IX	=		=
XVIII	-	III	=		=
VII	-	I	=		=
XII	-	VI	=		=
XXX	-	VI	=		=
LIV	-	VI	=		=
XX	-	V	=		=
XXXII	-	IV	=		=
XV	-	III	=		=
LIV	-	IX	=		=
LVI	-	VIII	=		=
XX	-	IV	=		=
VI	-	VI	=		=
XXVIII	-	VII	=		=
XXVIII	-	IV	=		=

100

SUBTRACTING ROMAN NUMERALS CAN BE QUITE TRICKY

				NUMBER	ROMAN
LXXII	-	VIII	=	=	
XXI	-	VII	=	=	
XXXVI	-	VI	=	=	
XII	-	II	=	=	
XXVIII	-	VII	=	=	
XXXII	-	IV	=	=	
XL	-	V	=	=	
IV	-	II	=	=	
XXXVI	-	VI	=	=	
XIV	-	II	=	=	
LVI	-	VIII	=	=	
LVI	-	VII	=	=	
XX	-	V	=	=	
XXV	-	V	=	=	
XII	-	II	=	=	

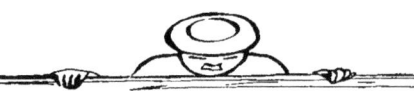

SUBTRACTING ROMAN NUMERALS CAN BE QUITE TRICKY

				NUMBER		ROMAN
VI	-	VI	=		=	
XXX	-	V	=		=	
XLII	-	VII	=		=	
XXVII	-	III	=		=	
XIV	-	II	=		=	
V	-	I	=		=	
XLII	-	VI	=		=	
XXIV	-	IV	=		=	
XXIV	-	VIII	=		=	
XX	-	II	=		=	
XVI	-	VIII	=		=	
X	-	V	=		=	
XII	-	II	=		=	
XII	-	IV	=		=	
XXV	-	V	=		=	

SUBTRACTING ROMAN NUMERALS CAN BE QUITE TRICKY

				NUMBER	ROMAN
VII	-	I	=		=
VII	-	VII	=		=
XXV	-	V	=		=
XVI	-	VIII	=		=
XXI	-	VII	=		=
XX	-	V	=		=
LXXX	-	VIII	=		=
LXXII	-	IX	=		=
XVIII	-	IX	=		=
IV	-	II	=		=
XXVII	-	IX	=		=
XVI	-	II	=		=
XXXVI	-	VI	=		=
XLVIII	-	VIII	=		=
LXIII	-	IX	=		=

SUBTRACTING ROMAN NUMERALS CAN BE QUITE TRICKY

				NUMBER	ROMAN
X	-	I	=	=
VI	-	VI	=	=
XXVIII	-	VII	=	=
XXIV	-	IV	=	=
V	-	V	=	=
VIII	-	IV	=	=
XV	-	V	=	=
XLVIII	-	VIII	=	=
XXI	-	III	=	=
XX	-	II	=	=
V	-	I	=	=
XXXII	-	IV	=	=
XXXV	-	V	=	=
XL	-	VIII	=	=
X	-	V	=	=

SUBTRACTING ROMAN NUMERALS CAN BE QUITE TRICKY

				NUMBER	ROMAN
XL	-	V	=	=	
LX	-	VI	=	=	
XV	-	III	=	=	
II	-	II	=	=	
VIII	-	IV	=	=	
XLVIII	-	VIII	=	=	
XXIV	-	IV	=	=	
XLV	-	IX	=	=	
XXXVI	-	VI	=	=	
XII	-	III	=	=	
XXX	-	VI	=	=	
XVIII	-	VI	=	=	
XC	-	IX	=	=	
XXVII	-	III	=	=	
VI	-	III	=	=	

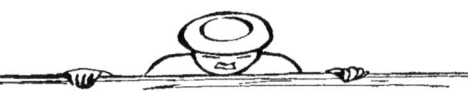

SUBTRACTING ROMAN NUMERALS CAN BE QUITE TRICKY

				NUMBER	ROMAN
XLII	-	VI	=	=	
XII	-	VI	=	=	
LIV	-	IX	=	=	
XX	-	IV	=	=	
VIII	-	II	=	=	
XXIV	-	VIII	=	=	
XLV	-	IX	=	=	
XLIX	-	VII	=	=	
X	-	II	=	=	
XXI	-	III	=	=	
XV	-	III	=	=	
XV	-	V	=	=	
VIII	-	VIII	=	=	
XX	-	V	=	=	
IX	-	I	=	=	

SUBTRACTING ROMAN NUMERALS CAN BE QUITE TRICKY

				NUMBER	ROMAN
XLV	-	IX	=		=
X	-	II	=		=
XVIII	-	III	=		=
XXX	-	VI	=		=
XXI	-	III	=		=
XL	-	V	=		=
XX	-	IV	=		=
V	-	V	=		=
XXX	-	V	=		=
XXIV	-	IV	=		=
XVI	-	IV	=		=
VIII	-	II	=		=
XII	-	III	=		=
LXXXI	-	IX	=		=
VI	-	II	=		=

SUBTRACTING ROMAN NUMERALS CAN BE QUITE TRICKY

			NUMBER	ROMAN
XLVIII	-	VIII	=	=
XXXV	-	VII	=	=
XIV	-	II	=	=
XXVII	-	III	=	=
X	-	I	=	=
LXXII	-	VIII	=	=
V	-	V	=	=
XII	-	IV	=	=
LIV	-	IX	=	=
XXIV	-	IV	=	=
XVI	-	VIII	=	=
XII	-	IV	=	=
XXXV	-	VII	=	=
LXXII	-	IX	=	=
VIII	-	IV	=	=

SUBTRACTING ROMAN NUMERALS CAN BE QUITE TRICKY

				NUMBER	ROMAN
XX	-	IV	=	=	
XL	-	VIII	=	=	
XVIII	-	III	=	=	
XXIV	-	III	=	=	
XXIV	-	III	=	=	
VIII	-	IV	=	=	
VIII	-	IV	=	=	
XLV	-	V	=	=	
XX	-	II	=	=	
XXV	-	V	=	=	
LXXII	-	VIII	=	=	
LXXXI	-	IX	=	=	
XXI	-	VII	=	=	
V	-	I	=	=	
XXX	-	V	=	=	

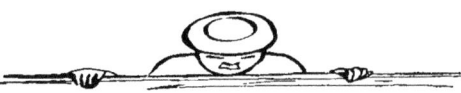

SUBTRACTING ROMAN NUMERALS CAN BE QUITE TRICKY

				NUMBER		ROMAN
XXI	-	III	=		=	
XVI	-	II	=		=	
XV	-	V	=		=	
XXIV	-	III	=		=	
LVI	-	VIII	=		=	
VI	-	I	=		=	
XLVIII	-	VI	=		=	
LXIV	-	VIII	=		=	
LXXII	-	IX	=		=	
XV	-	V	=		=	
IX	-	III	=		=	
XLVIII	-	VIII	=		=	
XXI	-	VII	=		=	
XL	-	V	=		=	
XXXII	-	VIII	=		=	

SUBTRACTING ROMAN NUMERALS CAN BE QUITE TRICKY

				NUMBER	ROMAN
XXIV	−	III	=	=	
LX	−	VI	=	=	
XLVIII	−	VI	=	=	
XXXII	−	IV	=	=	
III	−	III	=	=	
XX	−	II	=	=	
XXXV	−	V	=	=	
XIV	−	VII	=	=	
XVI	−	II	=	=	
X	−	I	=	=	
LVI	−	VII	=	=	
XL	−	VIII	=	=	
LXXII	−	IX	=	=	
XVI	−	VIII	=	=	
XL	−	IV	=	=	

SUBTRACTING ROMAN NUMERALS CAN BE QUITE TRICKY

				NUMBER	ROMAN
XXXVI	-	VI	=		
XLII	-	VI	=		
LXIII	-	VII	=		
XXXVI	-	IV	=		
XII	-	II	=		
XV	-	V	=		
V	-	I	=		
XVI	-	II	=		
XVI	-	IV	=		
LXIV	-	VIII	=		
LXIII	-	IX	=		
LXXII	-	IX	=		
XXX	-	VI	=		
XVIII	-	III	=		
XXIV	-	IV	=		

Printed in Great Britain
by Amazon